回到远古看恐龙

去三叠纪！

[俄]阿纳斯塔西亚•加尔金娜 [俄]叶卡捷琳娜•拉达特卡 著

[俄]波琳娜•波诺马廖娃 绘

索轶群 译

中国纺织出版社有限公司

嗨，这是双胞胎丽塔和尼基塔。他们非常喜欢恐龙，知道很多关于恐龙的知识。每年夏天，他们都会到乡下的姥姥家去玩儿，在那里度过快乐的假期。

在乡下，好玩儿的事情可多啦！钓鱼，寻宝，还有古生物学家扮演游戏。这些天，兄妹俩又有了一个新的爱好——去姥爷建的树屋里玩耍……

他们神奇的故事开始于炎热的七月。那天，丽塔准备给尼基塔制造一个惊喜：她在树屋里精心地布置了一桌美味的宴席。

刚出炉的薄饼、两杯牛奶，还有刚摘下来的新鲜树莓。一切都准备就绪了，可是尼基塔却迟迟没有来。

“他在哪儿呢？”丽塔心里犯起了嘀咕，着急地望向窗外。

突然，粮仓里传来了一阵声响。是尼基塔！他一边向外跑一边大喊着：“救命啊！”在他的身后，一只大鹅嘎嘎地叫着，紧追不放。

尼基塔一路飞奔，大鹅穷追不舍。

“哎呀，快停下！”“嘎嘎嘎嘎！”嘈杂的声音响彻整个村庄。

一番追逐后，尼基塔闪电般地爬上了树屋，“飞”到了丽塔身边。大鹅维西卡只能待在树下，挥着大翅膀，继续不满意地大声嘎嘎叫。

“怎么了？维西卡为什么要追你啊？”丽塔奇怪地问。

“我就是想看看它的牙齿。”尼基塔上气不接下气地说。

“为什么呀？”丽塔一脸不解。

“据说鸟类是恐龙的后代啊，所以我想知道，维西卡的牙齿是不是也和恐龙的一样大。”尼基塔回答说。

“那你看清了吗？”

“呃……”尼基塔看了看腿上青色的肿包说，“现在我算是知道了，大鹅肯定是霸王龙的后代。唉，可惜没能把维西卡的牙齿和书上画的图片做个比较。”

“什么书呀？”丽塔问。

“就是这个，我在姥爷家的阁楼里发现的。”

说着尼基塔从书包里掏出了一本又大又旧的书递给了妹妹。

丽塔跟尼基塔一样，也非常喜欢看有关恐龙的书籍。她完全被这本厚厚的恐龙书吸引了，一时忘记了自己给尼基塔准备的惊喜，忘记了哥哥身上的瘀青，也忘记了生气的大鹅维西卡还在树下嘎嘎嘎地大叫呢。她小心翼翼地翻开书的第一页。

“千百万年前，地球上生活着一群恐龙。”尼基塔坐在妹妹身边读道。

“它们长得好可怕啊！”丽塔说，“哎，这是什么？”

原来，在书页上画着一个大大的恐龙脚印，脚印下方写着这样一行小字：

请把手放上去！

兄妹俩毫不犹豫地把手掌贴了上去。突然，这本书开始发出耀眼的光芒。他们被这突如其来的光亮照得睁不开眼睛。等到再次睁开眼睛的时候，两人已经在一片树林里了。周围葱葱郁郁的树木和灌木丛，把阳光全都遮住了。

兄妹俩环顾四周，发现周围熟悉的东西，只剩大鹅维西卡和那盘薄饼了。维西卡不再嘎嘎叫个不停了，而是好奇地打量着周围的环境。

草地附近，竟然有几只个头不大身体却很长的恐龙。它们当中个头最高的才到丽塔的肩膀。几只恐龙摇晃着长长的尾巴，把兄妹俩围了起来。

“快看，丽塔！这是槽齿龙！”尼基塔说，“槽齿龙是一种非常古老的植食性恐龙。它们特别胆小，不会伤害人类的。”

“咱们不会真的来到了恐龙时代吧？”丽塔有些害怕地问。

“不知道，但是我挺喜欢这个地方的。”尼基塔说着，鼓起勇气朝恐龙走了几步。

丽塔也小心翼翼地摸了摸槽齿龙的脑袋，作为回应，槽齿龙友好地舔了舔丽塔的脸颊。

“哈哈哈，好痒啊！”丽塔笑着又摸了摸恐龙的脑袋。

尼基塔摘了一些新鲜的树叶，喂给环绕在他身边的恐龙们。

“丽塔，你看！它们吧唧吧唧吃东西的样子，简直跟咱们家的猫咪桃子一样！”尼基塔大笑着说。

“真的一模一样！要是能带一只回家该多好呀。”丽塔回答道。

突然，附近的灌木丛中传来了咔嚓咔嚓的声音。听见这个声音，槽齿龙焦急地拖着笨拙的长尾巴，藏到了旁边的草丛里。

紧接着，草地上出现了一群身型巨大的恐龙。它们啃食着树叶，完全没有注意到兄妹俩就在附近。

“那是板龙，是三叠纪最有名的恐龙。它们过着群居生活，主要以树叶为食。”尼基塔不慌不忙地解释说，“我就是在这本恐龙书上看到板龙的图片的！”

“板龙原来是群居的啊。”丽塔嘟囔着，“它们一来就是一群，把那些可爱的槽齿龙都吓走了。”

话还没说完，这片林间的空地上又出现了一种不一样的恐龙。它长着锋利的牙齿和爪子，看起来异常凶猛。吃得正香的板龙家族看到这只恐龙，也停止了咀嚼，呆呆地愣住了。

“天哪，这是理理恩龙！”丽塔小声地喊道，“咱们快跑！”

现在逃跑已经太晚了，理理恩龙发现了站在一旁的兄妹俩，径直朝他们走来。丽塔和尼基塔害怕得直发抖，他们缩在一起紧闭着眼睛。就在这时候，一直在旁边吃草的维西卡看到了前方的庞然大物，竟然嘎嘎嘎地大叫了起来。它一边叫着，一边挥动翅膀，好像在震慑敌人。

看到维西卡这凶凶的样子，理理恩龙的脚步有些犹豫了。它停了下来，好像是在仔细分辨这种从没有听到过的声音。接着，它把鼻子向下探了探，想要看清这个“奇怪的东西”。

“维西卡，干得漂亮！”尼基塔禁不住叫了起来，“看来维西卡果然是霸王龙的后代！丽塔，趁理理恩龙还没反应过来，咱们快朝它扔些薄饼！”

“我辛辛苦苦做的薄饼？！”丽塔想抗议。

但是现在已经没时间多想了。尼基塔用力地把第一张薄饼甩了出去，薄饼卷着呼呼声，精准地打在理理恩龙的脑袋上，接着，第二张落在了它的嘴巴上，丽塔甩出了第三张。薄饼一张接一张地向理理恩龙飞去。兄妹俩进行早餐轰炸的时候，维西卡也不甘示弱，它鸣起“战笛”，嘎嘎地向着恐龙逼近。

理理恩龙张开大嘴，发出可怕的吼叫。突然，它后退了一步，然后又后退了一步，消失在了树林中。

“耶！咱们胜利啦！”兄妹俩大声欢呼着。

“嘎嘎嘎！”维西卡也在一旁庆祝胜利。

就在大家沉浸在喜悦中的时候，丽塔无意中发现了身后整整齐齐地站着一排板龙，它们后脚着地，整个身子都立了起来，一副防御敌人的样子。

“原来是你们救了我们！”丽塔惊呼，“谢谢你们，亲爱的板龙！对不起哦，一开始我不太喜欢你们，还埋怨过你们……”

板龙哼哧哼哧地用鼻子喘着粗气，好像对丽塔的话很满意。其中一只俯下了身子，凑到丽塔身边闻了闻。兄妹俩带着感激的心情抱了抱板龙小小的脑袋。

和板龙告别后，兄妹俩好像听到了附近有流水声，就决定去水边看个究竟，大鹅维西卡迈着轻盈的步伐跟在他们身后。

没走多远，大家就来到了一处陡峭的河岸旁。尼基塔试探着靠近小河边，然后伸手把妹妹也扶了下来。面对周围陌生的环境，维西卡有些害怕，也急急忙忙地飞了下来。

河岸边的土地十分松软，到处都留着恐龙的足迹。

“这里的河岸十分陡峭，咱们应该很难被恐龙发现。”尼基塔分析说，“不如咱们先在这儿休息一会儿，然后想想接下来该怎么办。”

“嘎。”维西卡叫了一声，好像表示赞同。

在和理理恩龙激战之后，尼基塔和维西卡再次成了好朋友。

没想到河岸对面一群体型不大、体表光滑的恐龙打断了他们的休息。维西卡警惕地看着这些不速之客，发出了嘶嘶的警告声。

“是腔骨龙！”兄妹俩异口同声地喊了出来。

“它们非常厉害，肯定会吃掉咱们的！现在怎么办啊？”尼基塔惊慌地问。

“咱们没有薄饼可以攻击它们了。”丽塔说，“但是我们还有那本魔法书！不如咱们再试试把手掌放在那个恐龙的脚印上，就像上次那样！”

“好。不过咱们现在最好跑回高处去。”尼基塔建议说。

丽塔点了点头，一把抱起大鹅维西卡，和尼基塔一起迅速爬回了斜坡上。

这时，腔骨龙发现了斜坡上的兄妹俩，齐刷刷地往水里跳，打算穿过小河向兄妹俩发起进攻。

这条小河并不深，腔骨龙们很快就靠近了对岸。

就在这时候，不可思议的一幕发生了：原本平静的河水，突然变得湍急起来，浅浅的小河瞬间如同洪水，一下子淹过了腔骨龙的大腿。接着，大浪翻滚，卷着腔骨龙们涌向河流的下游。本以为快要成功上岸的腔骨龙，被这突如其来的大水吓得惊慌失措，拼命地挣扎着。但是这一切都太晚了，孩子们眼看着腔骨龙们的身影逐渐消失在了河岸下游。

“河里的水要漫出来啦！”尼基塔惊魂未定。

“咱们赶紧回家吧。”丽塔不安地说，“水势变得更大了，迟早会漫到斜坡上来的。到那时候可就真的来不及了。”

兄妹俩打开魔法书，把手掌放在了巨大的恐龙脚印上，齐声喊道："请带我们回家！"

紧接着，闪过了一道刺眼的光芒，光芒过后，他们发现自己又回到了树屋。周围的一切好像和原来一样。炎热的七月，维西卡若无其事地在树下吃着草，只是丽塔做的薄饼少了许多。

"咱们回来了！"尼基塔兴奋地喊着，"这真是一场神奇的冒险啊！"

"是啊！"丽塔回答。

"孩子们，你们在哪儿？"树屋外传来姥姥的声音。

"姥姥，我们在这儿呢！"尼基塔大声回应着。

“开饭好久了，你们跑哪儿去啦？”姥姥问。

“我们去恐龙世界了！”丽塔诚实地说。

“您不相信吗？”尼基塔在一旁喊，“您看！”

尼基塔打开了那本魔法书，但是上面的恐龙脚印莫名奇妙地消失了，取而代之的是一幅腔骨龙蹚水过河的画面。在松软潮湿的岸边，这些庞大的脚印之间，还夹杂着兄妹俩的鞋印和大鹅维西卡的掌印。

“瞧，是真的吧！”丽塔和尼基塔一起指着那幅画对姥姥说。

“看上去像是真的。不过你们下次去的时候，记得把我也带上哦。”姥姥笑着说，“我也好久没有回到远古了呢。”

小小古生物学家手记

槽齿龙

槽齿龙是三叠纪时期体型较为娇小的植食类恐龙之一。由于它们体型太小，所以基本不具备攻击天敌的能力。遇到危险的时候，只能采取躲避手段。古生物学家是在一片古老的岩石缝隙中发现槽齿龙骨架的。

槽齿龙可以算作梁龙的远亲。虽然它们的脖子远没有梁龙那么长，但是有着同款大脑袋。槽齿龙的身长可以达到2.5米，但是身高还不及一只身长腿短的腊肠狗。

蜥脚类恐龙是四脚植食类恐龙里的一个大族群（这种类型的恐龙一般都会长有很长的脖子）。它们生活在距今2.1亿至6600万年前，散布于世界各个角落。

板龙

板龙是三叠纪时期体型最大的恐龙之一。它们有着长而灵活的脖子，还有强壮有力的后肢。前肢虽然短小，但是长着锋利的爪子。这些利爪可以帮助它们抵御敌人（比如理理恩龙）的进攻。板龙身长大约8米（它们的长度和一辆大货车差不多）。

板龙身高可达4米，因此它们可以悠闲地享用树木顶端最新鲜多汁的树叶。

腔骨龙

腔骨龙是三叠纪时期一种体型不太大的肉食性恐龙（高约1.5米，长约3米）。腔骨龙身上的很大一部分被细细的尾巴占据。这种造型的尾巴可以帮助它们在奔跑时保持平衡。别看它们的体型不大，却是非常危险的肉食类恐龙。腔骨龙擅于奔跑，并且拥有极佳的视力，通常以蜥蜴、昆虫和一些鱼类为食。当它们组团捕猎时，也会向大型的植食类恐龙进攻。

科学家已经证实，腔骨龙敏锐的视力可以和老鹰相提并论。

兽脚类大多是肉食性恐龙，两足行走。只有少数属于杂食性或植食性恐龙。

理理恩龙

理理恩龙的体型还没有自己的猎物——板龙的一半大，但是由于它们拥有尖尖的利爪、锋利的牙齿和灵活的身体，因此常常能够顺利地捕食到像板龙那样笨拙的蜥脚类恐龙。

理理恩龙是一种非常危险的肉食性恐龙，它们的脑袋上有一个特别的脊冠，由两片薄薄的骨头组成。

恐龙生活在中生代。
中生代分为三个时期：三叠纪、侏罗纪和白垩纪。

肿头龙
异特龙
霸王龙
棘龙
特暴龙
三角龙
双腔龙
始祖鸟
腕龙
似鸡龙